Recueil Annoté

DES

USAGES LOCAUX

SUIVIS COMME LOI DANS LE CANTON DE

CHATILLON=SUR=MARNE

PAR

A.-H. BLAQUART

CAPACITAIRE EN DROIT

Mareuil-le-Port, Juin 1909.

Recueil Annoté

DES

USAGES LOCAUX

SUIVIS COMME LOI DANS LE CANTON DE

CHATILLON=SUR=MARNE

PAR

A.-H. BLAQUART

CAPACITAIRE EN DROIT

Mareuil-le-Port, Juin 1909.

INTRODUCTION

*Les usages locaux du canton de Châtillon-sur-Marne, rédigés en
1855 par une commission spéciale instituée par arrêté de M. le Sous-
Préfet de l'arrondissement de Reims, en date du 9 juin 1855, conformément à la circulaire de M. le Ministre de l'Agriculture, du Commerce
et des Travaux publics du 15 février 1855, ont fait l'objet d'un procés-
verbal qui a été publié le 30 juin 1855, qu'il est impossible de se procurer
aujourd'hui et qui ne répond plus à l'état de choses actuel. Nous avons
pensé qu'il pouvait être intéressant de publier les usages et règlements
en vigueur dans le canton de Châtillon-sur-Marne, en les classant par
chapitres, et en les faisant précéder de notes les rendant d'une appli-
cation plus facile et traitant aussi de questions pratiques.*

*Ce travail nous a été facilité par celui publié par la Commission qui
s'est réunie en 1855, et qui était ainsi composée :*

M. Camus, juge de paix du canton de Châtillon, président ;

M. Desrousseaux, membre du Conseil général de la Marne, à Vandières ;

M. Minelle , membre de la Chambre consultative d'Agriculture , à
Pourcy ;

M. Hureaux-Bichon, membre du Conseil d'arrondissement, à Châtillon ;

M. Prot, propriétaire et maire à Sainte-Gemme ;

M. Mimin Edouard, propriétaire à Jonquery ;

M. Masson, notaire à Châtillon.

*Par les documents administratifs que M. le Préfet a bien voulu
mettre à notre disposition.*

*MM. les Officiers ministériels du canton nous ont aussi fourni
d'utiles indications.*

*Ce petit recueil que nous mettons à la disposition des magistrats,
des administrateurs et des habitants du canton, permettra à tous d'y
trouver, à l'occasion, des indications précises concernant les usages*

locaux en vigueur qui, très souvent, sont inconnus, et desquels on ne trouve un texte précis lorsqu'on veut s'y reporter.

Chacun pouvant ainsi connaître ses droits et ses devoirs, nous espérons que de nombreux procès seront évités.

Telle est la pensée qui nous a déterminé à publier ce petit recueil dont les éléments ont été pris aux meilleures sources.

A.-H. BLAQUART.

Mareuil-le-Port (Marne), Juin 1909.

USAGES LOCAUX

SUIVIS COMME LOI DANS LE CANTON DE CHATILLON-SUR-MARNE

CHAPITRE PREMIER

De l'Usufruit.

L'usufruit est défini par l'article 578 du Code Civil. C'est le droit de jouir des choses dont un autre a la propriété, comme le propriétaire lui-même ; mais à la charge d'en conserver la substance.

L'usufruitier est chargé de tous les impôts, de quelques natures qu'ils soient.

Usufruit des Bois.

Ce droit de jouissance pour l'usufruit des bois est réglementé par l'article 590 du Code Civil, qui oblige l'usufruitier à observer l'ordre et la quotité des coupes résultant de l'aménagement ou de l'usage constant des propriétaires.

Ces coupes sont considérées comme fruits appartenant à l'usufruitier, pourvu qu'elles aient été exploitées en son vivant ; mais il ne suffirait pas qu'elles eussent été vendues par lui s'il décède avant que le bois soit abattu.

Les usages en vigueur dans le canton de Châtillon-sur-Marne sont encore ceux qui ont été constatés par la Commission réunie sous la présidence de M. Camus, juge de paix du canton, le 30 juin 1855, et qui sont les suivants :

§ 1er.

L'ordre des coupes et aménagements est réglé dans le canton :

Pour les bois blancs, de 8 à 10 ans ;

Pour les bois durs, de 18 à 20 ans ;

La plupart des bois blancs nature de bouleaux sont employés à faire des cerceaux ; quand il se présente une année abondante en fruits ou en raisins, il est d'usage de profiter de l'occasion, et ces bois sont alors coupés à 6 ou 7 ans.

Dans tous les bois aménagés ou non, on laisse, après le récolement, soixante-dix baliveaux par hectare.

La futaie se coupe aussitôt que le taillis est abattu, de manière à ne faire qu'une seule exploitation.

La réserve en futaie doit être faite en proportion des arbres existant dans la coupe, et de manière à pouvoir, chaque coupe, avoir, autant que possible, un nombre égal d'arbres à abattre.

Dans tous les cas, l'usufruitier ne jouit des bois taillis et des futaies qu'en bon père de famille et comme en a joui avant lui le propriétaire.

La coupe des bois de toute nature commence le 1er novembre ; elle est terminée le 15 avril suivant, et le sol est entièrement libre un an après, c'est-à-dire le 15 avril de l'année suivante.

L'usufruitier ne prend pas d'arbres dans les bois, si la coupe n'est pas commencée.

Il ne peut jamais enlever de plant ;

Il n'est pas chargé de couper les ronces ni les épines ;

Il a droit à la récolte des glands, faines et fruits de tous les arbres du bois ou de la forêt ;

Il a aussi droit aux herbes **qui** y croissent ;

Il ne prend pas d'échalas, même pour les vignes soumises au même usufruit ; ni aucun autre bois, sous tel prétexte que ce soit, tant que l'exploitation n'est pas commencée ;

Il entretient les fossés en bon état.

Dans l'exploitation il est soumis aux mêmes obligations que le propriétaire.

Au moment de la coupe, les arbres abattus sont pris parmi les plus défectueux, et les baliveaux réservés sont choisis parmi les plus beaux.

§ 2.

Le produit périodique des arbres comprend le bois provenant de la tonte et de l'élagage.

Les arbres soumis à la tonte et à l'élagage, sont : le peuplier, le saule.

Les produits consistent dans les branches.

Les saules seuls se coupent en tête.

Pour les peupliers, l'usage est de leur laisser trois couronnes.

Les arbres de toute nature formant bordure ou clôture sont soumis à l'élagage.

En général, les arbres isolés autres que les peupliers et les saules, n'y sont pas soumis.

L'élagage des bois blancs se fait tous les quatre ans, et celui des bois durs tous les six ans.

Il a lieu du 1er novembre au 1er mars.

Les bois durs ne sont élagués qu'aux deux tiers de leur hauteur à partir du sol.

§ 3.

Les haies vives, mitoyennes ou non, ne doivent pas avoir plus de 1ᵐ33 de hauteur.

Si elles sont mitoyennes, elles sont élaguées à la première demande de l'un des co-propriétaires.

Si elles ne sont pas mitoyennes, le propriétaire les élague quand il le juge à propos ; mais son voisin peut le contraindre à les élaguer quand elles dépassent la hauteur de 1ᵐ33.

Quand elles sont plantées à un mètre du voisin, le propriétaire a droit de passer de l'autre côté pour l'élagage et l'enlèvement des bois coupés ; à une moindre distance il n'a pas ce droit sans indemnité s'il y a lieu.

§ 4.

Les oseraies se coupent annuellement à fleur de terre.

De l'Usufruit des Vignes.

Il est d'usage, dans le canton de Châtillon-sur-Marne, d'observer les règles suivantes :

Pour être considérées comme bien entretenues, les vignes doivent avoir, en moyenne, environ sept cents ceps par are ; chaque cep doit être garni d'un échalas.

Pour la bonne tenue des vignes, il est nécessaire de mettre chaque année environ cinquante échalas par parcelle de un are 53 centiares. Cette quantité est cependant soumise à quelques variations, en raison de la qualité des échalas.

Dans les pentes, le propriétaire de la vigne supérieure laisse couler la terre naturellement. Pour l'indemniser de cette perte de terre, il a droit de prendre dans la première rangée de ceps de la vigne inférieure des brins dits retraits, qu'il provigne et fait passer dans son terrain, afin de garnir sa dernière rangée de ceps.

L'usufruitier est substitué aux droits et coutumes du propriétaire.

Si le propriétaire ne mettait pas de légumes dans les vignes, l'usufruitier ne peut en faire venir.

Les vignes reçoivent un bêchage et deux labours chaque année ; on y met du fumier, une charge d'âne par are.

De l'Usufruit des Terres, Prés, Vergers et Jardins.

Dans le canton de Châtillon-sur-Marne, les charges de cet usufruit sont :

Pour les Terres :

De les labourer, fumer et ensemencer en temps et saisons convenables ;
De maintenir les soles établies par le propriétaire ;
De mettre dix voitures de fumier à trois chevaux par cinquante ares ;
D'avoir toujours la même quantité de terrain empouillé en prairies artificielles que lorsque l'usufruit a commencé ;
De curer, relever et entretenir les fossés, les haies et bordures en bon état.

Pour les Prés :

L'entretien en bon état des fossés, prises d'eau, écluses ou barrages. répandre les taupinières, tenir lesdits prés à faulx courante, faire les travaux nécessaires pour prévenir les inondations.

Pour les Vergers et Jardins :

L'entretien des murs, haies, fossés, bordures.
L'usufruitier maintient les arbres en bon état, les fait écheniller et tailler, il fait enlever la mousse et les vieilles écorces prêtes à tomber.
Il a droit aux arbres morts et abattus par accident et il les remplace par de jeunes arbres de même nature et essence. Il ne peut faire abattre aucun arbre vivant.

CHAPITRE II

Clôtures.

L'article 663 du Code Civil dispose que chacun peut contraindre son voisin, dans **les villes et faubourgs,** à contribuer aux constructions et réparations de la clôture faisant séparation de leurs maisons, cours et jardins assis dans lesdites villes et faubourgs.
Ailleurs on est libre de clore ou non son terrain.
La clôture obligatoire s'entend d'un *mur* édifié sur la ligne séparative des deux propriétés.

Dans la ville et le canton de Châtillon-sur-Marne, la hauteur des clôtures en pierres ou pan de bois est de deux mètres à partir du sol, non compris le chaperon.
Les haies ne peuvent avoir plus de un mètre 33 centimètres de hauteur. (Voir le § 3 du chapitre premier : *Usufruit des Bois,* en ce qui concerne l'élagage.)

CHAPITRE III

Distances à observer pour les Plantations des Arbres et des Haies.

La loi considère que les plantations d'arbres faites trop près des propriétés voisines sont de nature à leur nuire ; aussi prescrit-elle l'observation de certaines distances.

La loi du 20 août 1881 sur le Code Rural établit, à défaut d'usages et de règlements, des distances de 2 mètres pour les arbres de plus de 2 mètres de hauteur, et de 0ᵐ50 pour les arbres de 2 mètres et au-dessous et les autres plantations.

Les distances déterminées ci-dessus sont celles en usage dans le canton de Châtillon-sur-Marne. Ainsi, il n'est permis de planter des arbres à haute tige qu'à la distance de 2 mètres de la ligne séparative de deux héritages. Cette distance est de 0ᵐ50 pour les autres arbres ou haies vives. Il n'y a aucune distance à observer pour les haies mortes.

Cependant les saules se plantent à une distance de un mètre, mais à la condition de les couper en tête quand ils ont acquis une hauteur de 2 mètres.

La distance est la même pour les plantations faites en raze campagne que pour celles faites dans les vergers et terrains tenant aux habitations.

Branches, Fruits et Racines.

Quand les branches des arbres avancent sur la propriété du voisin, celui-ci peut contraindre le propriétaire des arbres à les couper. Les fruits tombés naturellement de ces branches lui appartiennent. Si ce sont les racines qui avancent sur son héritage, il a le droit de les y couper lui-même.

Le droit de couper les racines ou de faire couper les branches est imprescriptible. (Article 673 Code Civil, modifié par la loi du 20 mai 1881.)

Des règles spéciales existent pour les plantations le long des voies publiques.

CHAPITRE IV

Distances et Précautions à prendre pour les Constructions susceptibles de nuire aux Voisins.

D'après l'article 674 du Code Civil, celui qui veut faire creuser près d'un mur mitoyen ou non un puits ou une fosse d'aisances ou construire une cheminée, ou âtre, four ou fourneau, y adosser une étable, ou encore établir contre ce mur un magasin de sel ou amas de matières corrosives, est obligé de laisser la distance prescrite par les règlements et usages particuliers sur ces objets, ou de faire les ouvrages prescrits par les mêmes règlements et usages, pour éviter de nuire aux voisins. Les tuyaux de chute des fosses d'aisances ne sont pas, quant à leur mode de construction, soumis aux dispositions prescrites par les fosses elles-mêmes, et ils peuvent être encastrés dans un mur mitoyen, sans que le propriétaire ait le droit de s'en plaindre, s'il n'en éprouve pas de préjudice. (Cassation, 7 novembre 1849.)

Dans le canton de Châtillon-sur-Marne, les précautions à prendre sont réglées par les usages suivants :

Celui qui fait construire un puits ou une fosse d'aisances près d'un mur mitoyen ou non, doit l'en séparer par un contre-mur de trente-deux centimètres d'épaisseur, et laisser un intervalle de un mètre entre le parement intérieur du puits ou de la fosse d'aisances et la propriété voisine.

Les fosses d'aisances doivent être enduites de chaux et ciment du haut en bas, et pavées au fond.

Si une fosse d'aisances est construite dans le voisinage d'un puits, elle doit en être séparée par un mur de un mètre trente-deux centimètres d'épaisseur, y compris les parements du puits et de la fosse d'aisances.

Celui qui veut construire une cheminée ordinaire ou une cheminée de forge, four, fourneaux près d'un mur mitoyen, peut le faire sans laisser d'intervalle, mais en mettant un contre-mur en fonte. L'âtre des forges est isolé dans un cadre en fer à vingt centimètres du mur.

On construit un four contre un mur mitoyen ou non sans laisser d'intervalle, le revêtement forme un contre-mur, et cette mesure paraît suffisante.

Les étables à porcs et animaux rongeurs, les amas de fumiers, de sel et de matières corrosives ne peuvent être établis contre un mur mitoyen, s'il n'y a un contre-mur de trente-trois centimètres d'épaisseur avec enduit ; si le mur n'est pas mitoyen, il doit être enduit et avoir au moins trente-trois centimètres d'épaisseur.

Si les étables, magasins à sel, fosses à fumier et amas de matières corrosives sont pavés en grès et à chaux, le contre-mur doit descendre de trente-trois centimètres en contre-bas de la fondation du mur mitoyen ou non.

S'il existe un puits dans le voisinage, il doit être séparé par un mur de un mètre trente-deux centimètres d'épaisseur.

Ces murs doivent être construits et solidement établis d'après toutes les règles de l'art.

Les travaux de protection n'empêchent pas celui qui les a fait d'être responsable, vis-à-vis du voisin, du dommage que sa construction peut lui occasionner.

CHAPITRE V

Baux. — Obligations du Bailleur et du Preneur. — Compétence. — Enregistrement.

Le bail est un contrat de louage par lequel l'une des parties engage moyennant un prix que l'autre partie s'oblige à lui verser, pendant un temps déterminé, l'usage ou la jouissance d'une chose. (Articles 1709 et suivants du Code Civil.)

On distingue diverses espèces de baux : les baux à loyer, les baux à ferme, les baux à cheptel, les baux emphythéotiques, etc.

L'article 1714 du Code Civil dispose qu'on peut louer par écrit ou verbalement ; mais il va sans dire qu'il est toujours préférable de rédiger un écrit, pour éviter, en cas de contestation, les difficultés qui peuvent surgir sur la preuve, soit de l'existence du bail, si le contrat n'a reçu aucune exécution, soit sur les conditions et prix. (Articles 1715 et suivants du Code Civil.)

Le bail peut être fait par acte sous signatures privées ou par acte passé par devant notaire ; mais la forme notariée devient nécessaire lorsqu'il s'agit de biens appartenant à une commune ou à un hospice.

Obligations du Bailleur.

Le bailleur doit livrer la chose louée au preneur, avec tous les accessoires qui en dépendent, et à ses frais. (Article 1608 du Code Civil.) Si cette livraison ne peut être faite, le preneur a droit à des dommages-intérêts. (Articles 1719 et suivants du Code Civil.)

Il doit entretenir l'objet loué pendant toute la durée du bail, de façon qu'il puisse servir à l'usage en vue duquel il a été loué, pour que le preneur soit notamment clos et couvert. Si dans le cours du bail des réparations deviennent nécessaires, il est obligé de les faire. (Article 1,720 du Code Civil.)

Les réparations que le bailleur est tenu de faire ne s'entendent pas seulement des grosses réparations dont il est parlé en l'article 606 du Code Civil ; mais de toutes celles qui ne concernent pas le seul entretien des lieux loués, soit par exemple : le remplacement d'une poutre, les réparations aux couvertures, etc.

Il est très important de faire dresser avant la prise en possession un état des lieux lavés ; lorsque cet état n'a pas été fait, le preneur est présumé avoir tout reçu en bon état de réparations locatives, sauf la preuve contraire, et il doit rendre les choses en pareil état. (Article 1731 du Code Civil.) Mais s'il résulte de l'examen des lieux qu'il y a usure nécessaire, il n'est tenu à aucune indemnité.

Si au contraire il a été fait un état des lieux, le preneur n'est tenu de rendre la chose que dans l'état où il l'a reçu, excepté ce qui a péri ou a été dégradé par vétusté ou force majeure. (Article 1730 du Code Civil.)

Le preneur doit souffrir les réparations urgentes qui ne peuvent être différées ; mais si ces réparations durent plus de quarante jours, le prix du bail sera diminué en proportion du temps et de la partie de la chose louée dont il aura été privé ;

Si ces réparations sont de nature à rendre inhabitable ce qui est nécessaire au logement du preneur et de sa famille, celui-ci pourra faire résilier son bail. (Article 1724 du Code Civil.)

Si, pendant la durée du bail, la chose louée est détruite en totalité par cas fortuit, le bail est résilié de plein droit.

Si elle n'est détruite qu'en partie, le preneur peut, suivant les circonstances, demander une diminution du prix ou la résiliation même du bail. Dans l'un et l'autre cas, il n'y a aucun dédommagement. (Article 1722 du Code Civil.)

La destruction par le phylloxéra de vignobles donnés à bail constitue une perte de la chose louée, et non pas seulement une perte de récoltes.

Dès lors, le preneur est autorisé à demander une diminution de prix, ou même la résiliation du bail. Peu importe qu'une clause du bail ait mis à la charge du preneur les cas fortuits prévus ou imprévus, une telle clause ne se réfère pas aux récoltes. (Tr. Dijon, 6 août 1888. — Toulouse, 19 mai 1888.)

Le bailleur ne peut, pendant la durée du bail, changer la forme de la chose louée. (Article 1723 du Code Civil.) Il ne peut donc opérer de transformations partielles ni totales.

Obligations du Preneur.

Le preneur doit jouir de la chose suivant sa destination (article 1728 du Code Civil), à moins de conventions contraires.

Il doit user de la chose en bon père de famille ; c'est-à-dire qu'il doit avoir, pour conserver la chose louée, les mêmes soins que le propriétaire lui-même (article 1728 du Code Civil) ; ainsi le fermier d'une vigne doit la cultiver, la fumer, tailler et soigner selon l'usage des lieux et en bon et soigneux vigneron.

Le preneur est tenu de répondre des dégradations ou des pertes qui arrivent pendant sa jouissance soit par sa faute ou celle des personnes de sa maison ou des sous-locataires. (Article 1732 du Code Civil.)

Il répond aussi de l'incendie à moins qu'il ne prouve que l'incendie est arrivé par cas fortuit ou force majeure ou par vice de construction, ou que le feu a été communiqué par une maison voisine. (Article 1733 du Code Civil.)

S'il y a plusieurs locataires, tous sont responsables de l'incendie proportionnellement à la valeur locative de la partie de l'immeuble qu'ils occupent, à moins qu'ils ne prouvent que l'incendie a commencé dans l'habitation de l'un d'eux, auquel cas celui-là seul en est tenu, ou que quelques-uns ne prouvent que l'incendie n'a pu commencer chez eux, auquel cas ceux-là n'en sont pas tenus. (Article 1734 du Code Civil, modifié par la loi du 5 janvier 1883.)

Une autre obligation importante du preneur est de payer le prix du bail aux termes convenus. (Article 1728, § 2.) Il doit être payé aux époques fixées par le contrat ; à défaut de convention, on s'en rapporte aux *usages locaux*. Les sommes dûes pour locations ou fermages ne peuvent produire d'interêts que du jour de la demande en justice. (Article 1155 du Code Civil.)

Le paiement doit être fait dans le lieu désigné dans la convention ; si le lieu n'a pas été dèsigné, le paiement doit être fait au domicile du locataire. (Article 1247 du Code Civil.) Les frais du timbre-quittance sont à la charge du locataire. (Article 1248 du Code Civil.)

Compétence.

Deux juridictions peuvent être compétentes en matières de locations. Le Tribunal Civil, si le bail dépasse 600 francs par an, et le Juge de Paix pour les locations de 600 francs et au-dessous.

Les articles 3 et 4 de la loi du 12 juillet 1905 règlementent la matière pour les locations de 600 francs et au-dessous.

Enregistrement.

Le droit proportionnel pour les baux à ferme ou à loyer de meubles ou immeubles lorsque la durée est limitée, est de 0 fr. 25 pour cent sur le prix cumulé de toutes les charges imposées au preneur en sus du prix. (Loi du 16 juin 1824.)

Les usages suivis dans le canton de Châtillon-sur-Marne pour les locations de maisons, boutiques, bâtiments ruraux, celliers, enclos, prés, vergers, vignes, les réparations locatives, les obligations des fermiers entrants et sortants, et les délais en matière de congé sont les suivants :

Durée ordinaire des Baux. — Délai des Congés.

A défaut de stipulation, les baux sont censés faits, savoir :

Ceux des maisons et des boutiques, pour un an, du 11 novembre au 11 novembre ; ceux des granges et bâtiments ruraux ne faisant pas partie d'un corps d'habitation loué en même temps, pour un an, du 24 juin au 24 juin ;

Ceux des caves et celliers loués séparément, aussi pour uu an, du 1ᵉʳ octobre au 1ᵉʳ octobre ;

. . Ceux des prés, vergers, vignes, enclos, pour un an, du 11 novembre au 11 novembre ;

Ceux des terres non assolées pour un an, du 11 novembre au 11 novembre, et ceux des terres assolées pour autant d'années qu'il y a de soles.

Le délai pour la signification de congé est de trois mois avant l'expiration du bail, excepté pour les terres assolées ; pour ces terres, le congé doit être donné trois ans d'avance ; si le bail est fait pour une seule période de trois ans, le congé doit seulement être signifié un an d'avance.

Réparations locatives et de menu entretien.

Les réparations locatives et de menu entretien dont le locataire est tenu, s'il n'y a clauses contraires, sont celles indiquées dans l'article 1754 du Code Civil, savoir :

« Aux âtres, contre-cœurs, chambranles et tablettes des cheminées ;

« Au récrépiment du bas des murailles des appartements et autres « lieux d'habitations à la hauteur d'un mètre ;

« Aux pavés et carreaux des chambres, lorsqu'il y en a seulement « quelques-uns de cassés ;

« Aux vitres, à moins qu'elles ne soient cassées par la grêle, ou autres « accidents extraordinaires et de force majeure, dont le locataire ne peut « être tenu ;

« Aux portes, croisées, planches de cloison ou de fermetures de bou-« tiques, gonds, targettes et serrures ».

Obligations des Fermiers entrants et sortants.

Le fermier entrant prend possession le 23 avril.

Il a droit à toutes jachères, aux prairies naturelles et à celles artificielles qui sont dans la sole des jachères.

Les jachères comprennent en général le tiers de toutes les terres louées. Elles sont remises en chaume de terres empouillées en mars.

Dans le corps de ferme, le fermier entrant a droit, suivant l'importance de l'habitation :

A une place à feu ;

Une écurie proportionnée au nombre de chevaux nécessaires à l'exploitation des terres et jachères ;

Une place dans la cour et sous les hangars, pour y déposer ses instruments et ustensiles aratoires.

Les greniers à foin lui sont remis.

La chambre à four et le four sont communs, ainsi que le jardin potager, entre le fermier entrant et celui sortant.

Le fermier entrant a droit, du jour de son entrée, aux vergers et aux fruits des arbres.

Tous les fumiers lui appartiennent à partir du 11 novembre qui a

précédé son entrée dans la ferme, et il doit les conduire sur les terres.
Il peut, à partir de cette dernière époque :

1° Conduire les fumiers sur les terres composant la sole des versaines,
et, s'il use de cette faculté, il a droit à un logement pour lui, ses domestiques et ses chevaux, dans les bâtiments de la ferme ;

2° Labourer et cultiver les terres composant ladite sole des jachères.
Dans ce dernier cas il a aussi droit au logement dont il vient d'être parlé.

Le fermier entrant amène son troupeau le 28 avril, pour exercer le droit de vaine pâture. (Voir chapitre IX.)

A compter de cette époque, le fermier sortant ne peut plus faire pâturer son troupeau sur aucune des terres de la ferme qui sont dans les jachères ; mais il peut le faire pâturer dans les prairies artificielles qui lui appartiennent. Il peut conserver son troupeau à l'écurie si les bâtiments le permettent ; dans le cas contraire, il loue un bâtiment s'il le juge à propos.

Aussitôt l'enlèvement des récoltes, le fermier entrant est mis en possession de toutes les terres de la ferme, et le droit de parcours lui appartient en totalité.

Le fermier sortant ne conserve plus alors que le droit de battre les grains récoltés et de consommer les pailles s'il n'y a rien de contraire dans le bail.

Le battage et la consommation doivent être terminés le 23 avril qui suit la dernière récolte. Si, à cette époque, il reste des foins, ils appartiennent au fermier sortant qui en dispose à sa volonté. Ce dernier peut aussi enlever les menus grains et menues pailles.

Les pailles et autres fourrages et consommations de toutes espèces qui, à la même époque, existent dans les bâtiments, appartiennent au fermier entrant.

Pendant tout le temps que le fermier sortant habite la ferme, il a droit à la totalité des pailles et fourrages, et ne peut être contraint d'en céder à son successeur. Il peut tout faire consommer s'il le juge convenable.

Le fermier sortant peut céder son droit de consommation, soit à son successeur, soit à un étranger, mais à la charge de le faire dans le corps de la ferme. Tous les fumiers et les pailles restent à la ferme, et le fermier ne peut en céder ou vendre aucune partie, sous tel prétexte que ce soit
Le fermier entrant a droit de semer des graines de luzerne, trèfle et sainfoin dans les soles des blés et des mars que son prédécesseur récoltera pour la dernière fois, à la charge d'une indemnité s'il y a lieu. Le fermier ne peut mettre son troupeau dans les prés naturels que jusqu'au 1er décembre.

CHAPITRE VI

Tacite Reconduction.

Si le locataire d'une maison ou d'un appartement continue sa jouis-sance après l'expiration du bail par écrit sans opposition de la part du bailleur, il s'opère un nouveau bail (article 1738 du Code Civil) et il sera censé occuper aux mêmes conditions, pour le terme fixé par *l'usage des lieux*, et ne pourra plus en sortir ni être expulsé qu'après un congé donné suivant le délai fixé par *l'usage des lieux*. (Article 175 du Code Civil.)

S'il s'agit d'une terre par le mode d'assolement.

(Voir chapitre V pour la durée ordinaire des baux et les délais de congés pour le canton).

Le droit à la tacite reconduction est réciproque entre propriétaire et locataire. Le propriétaire peut donc contraindre son locataire à continuer sa jouissance aux prix et conditions antérieures.

L'article 740 du Code Civil prescrit que si l'exécution du premier bail avait été garantie par une caution, cette sûreté ne s'étend pas aux obligations résultant de la prolongation.

CHAPITRE VII

Eaux courantes. — Curage et Faucardement des Rivières non navigables. — Moulins.

Ecoulement des Eaux.

Les fonds inférieurs sont assujettis envers ceux qui sont plus élevés, à recevoir les eaux qui s'en écoulent naturellement. (Article 640 du Code Civil.)

Ces eaux ne comprennent que les eaux de pluie, de source, d'infiltration, et non les eaux ménagères ni celles des usines ;

Les propriétaires des fonds inférieurs ne sont pas tenus d'exécuter des travaux pour faciliter l'écoulement des eaux, de même qu'ils ne peuvent non plus apporter aucun obstacle à cet écoulement en élevant une digue ou un mur qui serait de nature à entraver le passage des eaux.

De leur côté, les propriétaires supérieurs ne doivent rien faire qui puisse aggraver la servitude ; par exemple : en faisant des travaux pour faire affluer les eaux en masse sur un même endroit.

Eaux courantes.

Les eaux courantes sont celles des fleuves, rivières, canaux, ruisseaux, etc.

Les fleuves et rivières navigables dépendent du domaine de l'Etat.

Les eaux des rivières non navigables ni flottables n'appartiennent à personne (article 714 du Code Civil) ; le sol de leur lit est attribué aux riverains (article 3 de la loi du 8 avril 1898), ainsi que celui des ruisseaux.

Curage et Faucardement.

Il appartient aux préfets de prendre des arrêtés en ce qui concerne le bon entretien et le curage des cours d'eaux non navigables ni flottables, ainsi que pour l'établissement des usines, barrages, prises d'eau. lavoirs. etc., sur ces cours d'eaux. Dans le département de la Marne, le curage et l'aménagement des cours d'eaux et des rivières non navigables sont réglementés par arrêté préfectoral du 9 mars 1853, complété par un autre arrêté du 29 avril 1879.

L'usage des eaux courantes est, selon l'usage des lieux (1), prescrit comme suit pour le canton de Châtillon-sur-Marne :

Lorsque les eaux coulent dans leur lit naturel, les riverains en usent conformément aux dispositions des articles 644 et 645 du Code Civil, de manière, toutefois, à ne pas nuire aux usines.

Pour profiter de leur droit, les riverains établissent soit une rigole, soit un barrage.

Quand elles coulent dans un canal creusé de main d'homme, elles appartiennent exclusivement au propriétaire du fonds.

Moulins.

Les moulins sont soumis. au point de vue des cours d'eaux, au règlement du 18 thermidor an IX, qui concerne les établissements en activité et ceux abandonnés.

Ils doivent en outre observer un règlement d'eau spécial établi pour chacun d'eux.

CHAPITRE VIII

Louage des Domestiques et Ouvriers.

L'article 15 de la loi du 9 juillet 1889 spécifie que la durée du louage des domestiques et des ouvriers ruraux est réglé suivant *l'usage des lieux*.

Il serait désirable, comme il l'a d'ailleurs été formulé par un vœu émis

______

(1) Loi du 8 avril 1898, art. 19 : « Il est pourvu au curage des cours d'eaux non « navigables et non flottables, et à l'entretien des ouvrages qui s'y rattachent de la « manière prescrite par les anciens règlements ou d'apres les *usages locaux.* »

par la Commission chargée de recueillir les usages en vigueur dans le canton et inséré dans son procès-verbal du 30 juin 1855, que les parties constatent par écrit sur un livret les conditions du louage ; ainsi que le paiement des salaires ou des acomptes. Ce livret serait revêtu des signatures des parties, apposées au moment des arrêtés de compte.

D'après l'article 1780 du Code Civil, modifié par la loi du 27 décembre 1890, il appartient aux tribunaux d'apprécier, en cas de rupture du louage de services, fait sans détermination de durée, les dommages-intérêts qui peuvent être dûs, d'après *les usages locaux,* en tenant compte de la nature des services rendus, de leur durée et des retenues opérées.

Les usages observés dans le canton de Châtillon-sur-Marne sont les suivants :

1° Les domestiques attachés à la culture et aux personnes se louent à l'année, du 11 novembre au 11 novembre.

Le maître qui ne conserve pas son domestique attaché à la personne l'année entière, doit le prévenir huit jours d'avance, et réciproquement.

Si le domestique attaché à la culture ne reste pas une année, il lui est fait une retenue d'un tiers de son gage sur les mois d'hiver ; ces mois sont du 11 novembre au 11 février.

Il n'est pas fait de retenue pour mois d'hiver aux domestiques attachés à la personne.

Le maître qui, sans motifs légitimes, congédie un domestique attaché à la culture avant l'expiration de l'année, lui doit des dommages-intérêts.

2° Les ouvriers se louent ordinairement à la journée ; cependant certains travaux se font à la tâche ou à l'entreprise, et, dans ce cas, l'ouvrier est engagé pour tous les travaux de son entreprise ; s'il n'exécute pas son engagement, il doit des dommages-intérêts.

Les travaux qui se font à la tâche ou à l'entreprise sont principalement :

1° Le sciage et le fauchage des récoltes de toutes natures.

Le prix s'en règle à raison de tant par hectare et varie suivant les difficultés de l'opération et les années.

Les moissonneurs de blé sont tenus de la mise en gerbes et en tas, et, au besoin, de retourner les javelles autant de fois qu'il est nécessaire pour la conservation du grain.

Ils sont, en outre, tenus de la mise en javelles, en gerbes et en tas, de pareille quantité de terrain empouillé en avoine qu'ils ont moissonné en blé ; pour ces travaux concernant les avoines, ils n'ont droit qu'à la nourriture. Ils ne sont pas chargés de retourner les javelles d'avoine.

Les liens sont fournis par le propriétaire des récoltes.

Les faucheurs ne sont pas tenus de répandre ni de faner le foin.

2° Le battage des grains.

L'ouvrier est tenu de battre et de vanner tout le produit de la récolte.

Il est chargé de botteler la paille, de mettre le blé en sacs et de le conduire au grenier.

3° La tonte des moutons.

Elle se fait pour tout le troupeau, à tant par tête.

4° L'exploitation des vignes appartenant à des personnes ne cultivant pas par elles-mêmes.

L'ouvrier est chargé de tous les travaux, à l'exception du provignage. Il doit les faire en temps et saison convenables.

Il ne répand pas les terres et les fumiers que le propriétaire fait conduire dans ses vignes.

Il ne fait pas les vendanges.

Les échalas sont fournis et rendus sur place par le propriétaire, mais le tâcheron en arme les ceps et les met en tas après la récolte.

Le propriétaire fournit la paille pour lier la vigne.

CHAPITRE IX

Vaine Pâture.

L'article 1ᵉʳ de la loi du 9 juillet 1889 a aboli le parcours établi par la loi des 26 septembre et 6 octobre 1791 (section 4), qui consistait dans la faculté attribuée à deux communes de conduire leurs bestiaux paître sur les vaines pâtures respectives.

Le droit de vaine pâture a été en principe supprimé par la loi du 9 juillet 1889, mais les communes ont eu la faculté de réclamer le maintien de cette servitude dans l'année de promulgation de la loi du 22 juin 1890 modifiant celle de 1889. Elle est réglementée par la loi de 1889 et les Conseils municipaux, conformément aux articles 68 et 69 de la loi du 5 avril 1884. et suit en outre *les usages locaux.*

La vaine pâture peut toujours être abolie, le Conseil municipal peut seul, après enquête de commodo et incommodo, en proposer la suppression. Mais les communes qui l'ont supprimée ne peuvent désormais la rétablir.

L'article 5 de la loi du 22 juin 1890 porte que dans aucun cas et dans aucun temps la vaine pâture ne peut s'exercer sur les prairies artificielles.

Elle appartient à tout chef de famille domicilié dans la commune, même non propriétaire, pour six bêtes à laine et une vache et son veau, et même parfois davantage, suivant les usages. Ce droit ne peut être cédé.

Les contrevenants en la matière ne peuvent être poursuivis qu'autant qu'il y a infraction à des arrêtés municipaux règlementant la vaine pâture. Ces contraventions sont portées devant le tribunal de simple police.

Dans le canton de Châtillon-sur-Marne, le droit de vaine pâture n'existe plus que dans les trois communes suivantes :

Commune de Pourcy

Le Conseil municipal, dans sa séance du 14 novembre 1889, a pris la délibération ci-après, approuvée par arrêté préfectoral du 10 mai 1890 :

« Le Conseil municipal, considérant que la vaine pâture est pratiquée « dans la commune depuis un temps immémorial ; qu'elle permet d'utiliser « des produits qui ne pourraient pas être récoltés et qu'elle donne aux « familles pauvres la faculté de nourrir quelques têtes de bétail ;

« Considérant que la majorité des usagers désire continuer à jouir de « la vaine pâture, et que d'ailleurs on pourra toujours supprimer cet « usage dans le cas où la nécessité s'en ferait sentir ;

« Demande que la vaine pâture soit maintenue sur le territoire de « Pourcy et qu'elle soit exercée conformément aux usages et règlements « actuellement en vigueur, mais en tenant compte des modifications « résultant de la loi du 9 juillet 1889. »

Commune d'Anthenay

A la date du 9 novembre 1890, le Conseil municipal a pris une délibération tendant à ce que la vaine pâture soit maintenue sur le territoire d'Anthenay, sur les jachères et terrains dépouillés de leurs récoltes, qui ne donnent pas l'espoir d'une récolte pour l'année suivante.

Et demandant que la vaine pâture soit rigoureusement interdite sur les prairies naturelles et artificielles, conformément aux lois des 9 juillet 1889 et 22 juin 1890.

Aucune délibération n'ayant demandé le rétablissement de la vaine pâture sur les prairies naturelles avant le 24 juin 1891, la délibération du 9 novembre 1890 reste valable. (Note de la Préfecture du 17 novembre 1891.)

Commune de Reuil

Le maintien de la vaine pâture a été également demandé par délibérations du Conseil municipal des 15 mai et 2 juin 1891, qui ont été approuvées par le Conseil général dans sa session d'août 1891.

Il n'a été pris aucunes délibérations par les Conseils municipaux des autres communes, sauf par celui de Belval-sous-Châtillon, qui, à la date du 14 novembre 1889, a pris une délibération s'opposant à ce que la vaine pâture soit rétablie, considérant qu'elle n'était plus pratiquée dans la commune.

CHAPITRE X

Glanage, Grappillage, Ban de Vendange.

Glanage et Grappillage.

Le glanage et le grappillage sont les avantages que la loi attribue aux pauvres des communes sur les restes de certaines récoltes sans affecter le droit de propriété.

La loi du 28 septembre 1791 avait réglementé ce droit dont l'origine remonte bien avant la Révolution.

Celle du 21 juin 1898, sur la police rurale, a, par son article 75, interdit d'une façon absolue le glanage et le grappillage dans tout enclos.

Mais les maires ont le droit de réserver la faculté de glaner aux indigents inscrits sur les listes de glanage de leur commune.

On observe les usages suivants dans le canton de Châtillon-sur-Marne :

1° Le glanage se fait pour les blés, les orges et les seigles.

Il ne se fait qu'après enlèvement de la récolte.

Il ne peut s'exercer avant le lever ni après le coucher du soleil.

2° Le râtelage est encore en usage dans les prairies naturelles.

Il s'exerce aux mêmes conditions que le glanage.

3° Le grappillage est réglé, dans les communes où il se pratique encore, par des arrêtés municipaux.

Ban de Vendange.

On appelle ban de vendange la publication de l'arrêté municipal qui fixe l'époque de l'ouverture des vendanges dans la commune.

Il n'est pas d'usage, dans le canton de Châtillon-sur-Marne, d'ouvrir un ban de vendange. Chacun est libre de vendanger quand il le veut.

CHAPITRE XI

Usages divers.

Maturité des Récoltes, Saisie-Brandon.

La saisie-brandon est la mise sous main de justice des fruits pendants par branches ou par racines.

Les fruits détachés du sol deviennent choses mobilières et ne peuvent faire l'objet de saisie-brandon ; mais d'une saisie-gagerie ou d'une saisie-exécution.

L'époque précédant les six semaines de la maturité des récoltes et à partir desquelles la saisie-brandon peut avoir lieu n'est pas fixée dans le canton de Châtillon. On saisit plus ou moins tôt, suivant la maturité des récoltes, de façon à se trouver dans un délai légal.

Droits de Commission alloués pour l'achat des Vins et Raisins.

Ce droit est habituellement payé au commissionnaire par le négociant acheteur ; quelquefois on le stipule à la charge du vendeur. Il est généralement de 5 francs par pièce de deux hectolitres. Le pressurage se fait également dans les mêmes conditions.

Le raisin est vendu au poids, moyennant un prix fixé par kilogramme. En principe, il est dû par le vendeur, au commissionnaire, deux centimes par kilo ; mais le plus souvent, le vendeur n'est pas tenu au paiement de cette commission, d'après la convention.

TABLE DES MATIÈRES

Imp. Henri Villers, 1, avenue Paul Chandon, Epernay.